Impressum:

Copyright © 2016 GRIN Verlag, Open Publishing GmbH
Druck und Bindung: Books on Demand GmbH, Norderstedt Germany
ISBN: 9783668481022

Dieses Buch bei GRIN:

http://www.grin.com/de/e-book/370439/der-photoeffekt-qualitative-und-quantita-
tive-zusammenhaenge

Ralf Römer

Aus der Reihe: e-fellows.net stipendiaten-wissen

e-fellows.net (Hrsg.)

Band 2450

Der Photoeffekt. Qualitative und quantitative Zusammenhänge

GRIN Verlag

Dietrich-Bonhoeffer-Gymnasium Oberasbach

Abiturjahrgang 2017

SEMINARARBEIT

Im wissenschaftspropädeutischen Seminar

Physikalische Experimentiertechniken

Thema der Arbeit:

Der Photoeffekt – qualitative und quantitative Zusammenhänge

Verfasser: Ralf Römer

Bearbeitungszeitraum: 19. Februar 2016 – 08. November 2016

Abgabetermin: 08. November 2016

Inhaltsverzeichnis

Einleitung

Zu Beginn des 20. Jahrhunderts erschienen zahlreiche Arbeiten zur Untersuchung und Deutung des photoelektrischen Effekts, auch lichtelektrischer oder kurz Photoeffekt genannt. Die gewonnenen Erkenntnisse „prägten stark die Entwicklung der Physik zu Beginn des 20. Jahrhunderts und trugen wesentlich zur Herausbildung der Quantentheorie bei" (Lit. 4, S.7). Dies wird an der Vergabe der Nobelpreise für Physik in jener Zeit deutlich.

So erhielten neben den Deutschen Philipp Lenard im Jahre 1905, Max Planck 1918 und Albert Einstein (1879-1955, Abb. 1) 1921 auch die US-Amerikaner Robert Andrews Millikan 1923 und Arthur Holly Compton 1927 die Auszeichnung für ihre Beiträge zum Verständnis der lichtelektrischen Erscheinungen (vgl. Lit. 4, S.7 und Lit. 12).

Abbildung wurde für die Veröffentlichung entfernt.

Abbildung 1: Albert Einstein

Besonders Einstein, dem der Preis „für seine Verdienste um die theoretische Physik, besonders für seine Entdeckung des Gesetzes des photoelektrischen Effekts" (Lit. 12) aus dem Jahre 1905 verliehen wurde, prägte die heutige Vorstellung von Licht entscheidend. Seine Theorie des Welle-Teilchen-Dualismus, die besagt, dass Licht sowohl Eigenschaften elektromagnetischer Wellen als auch klassischer Teilchen aufweist, wurde zwar anfangs von vielen anderen Physikern stark angezweifelt, konnte sich aber durchsetzen.

Ziel dieser Seminararbeit soll zum einen sein, experimentell zu zeigen, aufgrund welcher grundlegenden Phänomene des Photoeffekts eine, so Einstein: „tiefgehende Änderung unserer Anschauungen vom Wesen und von der Konstitution des Lichtes" (Lit. 4, S.5) erforderlich war und wie diese im Detail aussah.

Zum anderen werden, von der „Einsteinschen Gleichung" ausgehend, die quantitativen Zusammenhänge der verschiedenen Größen in einem komplexeren Versuch ermittelt und grafisch dargestellt.

1. Grundlegendes zum Photoeffekt

1.1 Grundversuch mit Elektroskop

Die nebenstehende Abbildung 2 zeigt den Aufbau eines Experiments zur qualitativen Untersuchung der Vorgänge beim photoelektrischen Effekt. Eine Zinkplatte wird wie in der angegebenen Schaltung mit einem Elektroskop verbunden.

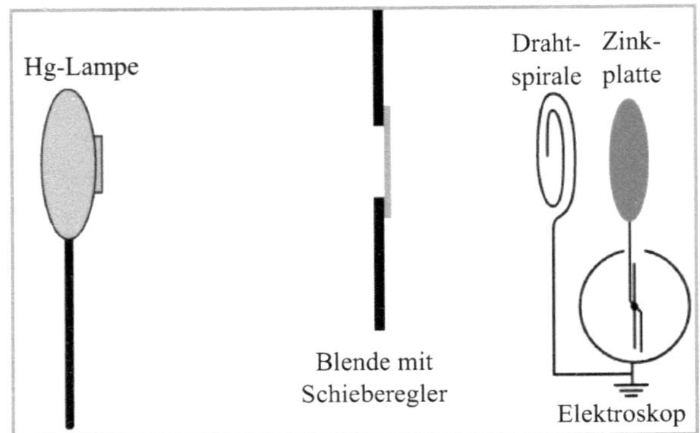

Abbildung 2: Grundversuch mit Elektroskop - Aufbau

Sie kann durch kurzes Antippen mit einem Metallstift, der an eine Hochspannungsquelle angeschlossen ist, sowohl negativ als auch positiv geladen werden. Die daraus resultierende Aufladung des Elektroskops, das mit der Platte leitend verbunden ist, hat einen Ausschlag des Zeigers zur Folge. Ein paar Zentimeter von der Platte entfernt wird eine geerdete Drahtspirale, alternativ auch ein Drahtgitter, aufgestellt.

In einigem Abstand dazu wird eine Quecksilberdampflampe (kurz: Hg-Lampe) platziert, deren Spektrum UV-Strahlung und sichtbares Licht umfasst.

Wird die Platte positiv geladen und anschließend mit dem Licht der Lampe bestrahlt, geht der Zeigerausschlag nicht zurück. Eine Entladung lässt sich erst bei einer negativen Vorladung der Platte beobachten.

Da die aus dem Metall ausgelösten Teilchen eine positiv geladene Platte nicht verlassen, d.h. sich von ihr entfernen, können, eine negativ geladene jedoch schon, muss es sich bei ihnen um negative Ladungsträger handeln. Aus der atomaren Struktur, dem Metallverbund, ausgelöst, werden sie von der Platte, die aufgrund ihrer negativen Ladung als Katode fungiert, abgestoßen und fliegen zur Drahtspirale (Anode), da diese geerdet ist und somit das elektrische Potenzial $\varphi = 0$ hat.

In den nächsten Kapiteln werden die Auswirkungen einer Variation der Intensität und Frequenz des verwendeten Lichts auf den beobachteten Prozess untersucht.

1.2 Einfluss der Lichtintensität

Genauere Messungen zur Entladung der Metallplatte lassen sich mit einem Elektroskop nicht durchführen, weshalb eine Abänderung der Versuchsanordnung aus Kapitel 1.1 vorgenommen wird (vgl. Abb. 3).

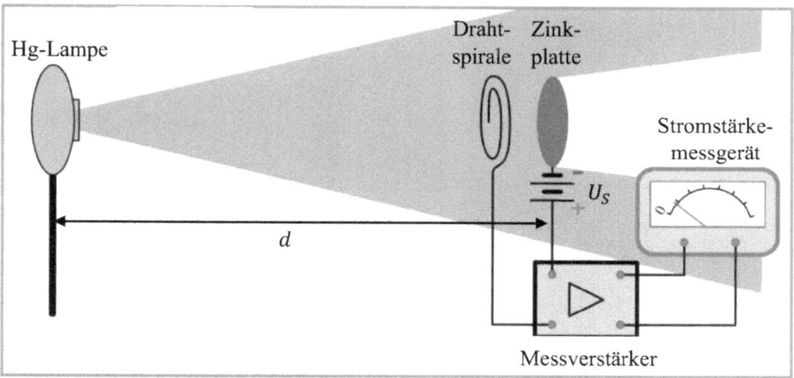

Abbildung 3: Einfluss der Lichtintensität - Versuchsaufbau

Eine hohe Saugspannung U_S im kV-Bereich wird zwischen Drahtspirale und Zinkplatte angelegt und sorgt dafür, dass die ausgelösten Teilchen zur Anode fliegen. Sie stellen einen Stromfluss dar, der über einen Messverstärker mit angeschlossenem Anzeigegerät registriert und dargestellt wird.

Verringert man den Abstand d zwischen Quecksilberdampflampe und Zinkplatte, erhöht sich die Lichtintensität $J \sim \frac{1}{d^2}$ auf der Metallplatte. Es lassen sich bei $U_S = 1{,}0\ kV$ die folgenden Werte für die Stromstärke I in Abhängigkeit von d messen:

d in cm	40	20	10
I in $10^{-9}\ A$	0,8	3,1	12,1

Trotz kleiner Messungenauigkeiten ergibt sich für die Beziehung zwischen I und d:

$$I \sim \frac{1}{d^2} \rightarrow I \sim J$$

Die Anzahl N der pro Zeiteinheit ausgelösten Ladungsträger der Ladung q , für die die Stromstärke I ein Maß ist ($I = \frac{\Delta Q}{\Delta t} = \frac{N \cdot q}{\Delta t}$), ist also direkt proportional zur pro Fläche auf die Metallplatte fallenden Lichtleistung.

1.3 Variation der Lichtfrequenz

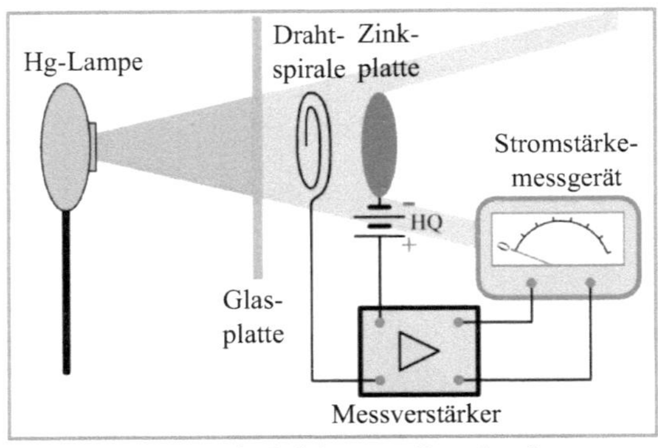

Abbildung 4: Variation der Lichtfrequenz - Versuchsaufbau

Wird in den Strahlengang des Versuchs aus 1.2 eine Glasscheibe gehalten (vgl. Abb. 4), die UV-Strahlung absorbiert, fließt unabhängig von der Position der Lampe und damit von der Lichtintensität kein Strom zwischen Zinkplatte und Drahtspirale. Dies zeigt, dass nur der UV-Anteil der von der Hg-Lampe emittierten elektromagnetischen Strahlung die Auslösung der negativen Ladungsträger herbeiführt.

Ultraviolettes Licht hat eine höhere Frequenz f und damit eine geringere Wellenlänge λ als sichtbares Licht ($c = \lambda \cdot f \rightarrow \lambda \sim \frac{1}{f}$).

Es existiert also eine obere Grenze λ_g für die Wellenlänge λ des Lichts der Hg-Lampe, deren Überschreitung, d.h. $\lambda > \lambda_g$, dazu führt, dass auch bei hoher Lichtintensität keine Entladung zu beobachten ist.

Experimente zeigen, dass der Wert von λ_g je nach Material der verwendeten Metallplatte variiert. Um die verschiedenen Grenzwellenlängen genauer bestimmen zu können, kann, sofern sie im sichtbaren Bereich liegen, ein Glasprisma verwendet werden.

An diesem werden die verschiedenen Farben des Lichts der Quecksilberdampflampe, das zuvor mithilfe einer Linse fokussiert wird, unterschiedlich stark gebrochen (vgl. Abb. 5). Verschiebt man die Metallplatte im aufgefächerten Spektrum von violett nach rot, steigt die Wellen-

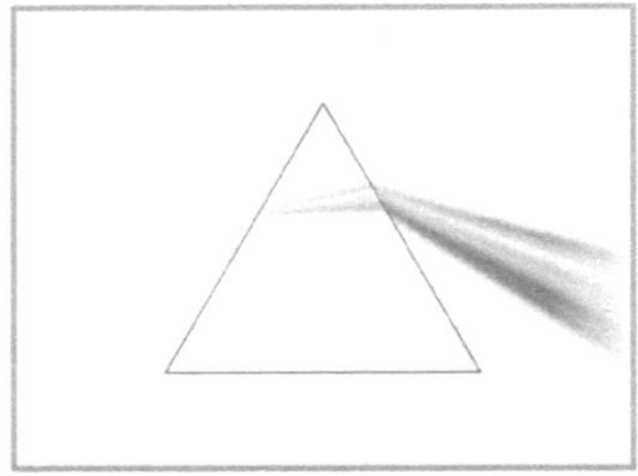

Abbildung 5: Lichtbrechung am Prisma

länge des auftreffenden Lichts an, bis λ_g erreicht ist und kein Stromfluss, also keine weitere Entladung der Zinkplatte, mehr messbar ist. Die zugehörigen Wellenlängenbereiche der einzelnen Lichtfarben sind bekannt.

1.4 Versuch von Lenard

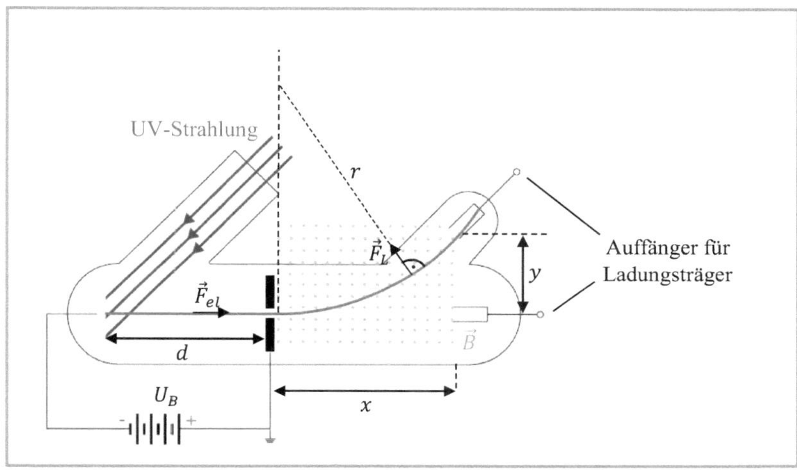

Abbildung 6: Versuch von Lenard - Aufbau

Philipp Lenard (1862-1947) gelang es im Jahr 1900 mit der obigen Versuchsanordnung (Abb. 6), deren Prinzip im Anschluss erklärt wird, die Identität der negativen Ladungsträger durch Bestimmung ihrer spezifischen Ladung $\frac{q}{m}$ zu ermitteln.

Durch die UV-Strahlung aus dem Metall ausgelöst, werden die negativen Ladungsträger im elektrischen Feld mit der Kraft $F_{el} = q \cdot E = q \cdot \frac{U_B}{d}$ aus der Ruhe heraus beschleunigt. Die kinetische Energie[1] $E_{kin} = \frac{1}{2}mv^2$ der Teilchen nach dem Durchlaufen der Beschleunigungsspannung U_B im elektrischen Feld entspricht der durch das Feld verrichteten Arbeit $W = F \cdot s = F_{el} \cdot d = q \cdot U_B$.

Für ihre Geschwindigkeit beim Durchfliegen der Anode gilt deshalb:

$$\frac{1}{2}mv^2 = q \cdot U_B \rightarrow v = \sqrt{2\frac{q}{m} \cdot U_B} \quad (1)$$

Die negativen Ladungsträger fliegen im Anschluss in ein magnetisches Feld, indem sie nach der „Drei-Finger-Regel" abgelenkt werden.

Ursache dafür ist die Lorentzkraft $F_L = q \cdot v \cdot B$, die senkrecht auf in einem Magnetfeld bewegte Ladungsträger und als Zentripetalkraft $F_Z = \frac{mv^2}{r}$ wirkt.

---

[1] Aufgrund von $v \ll c$ muss hier nicht relativistisch gerechnet werden.

Daraus folgt für den Radius r des sich ergebenden Kreisbogens:

$$q \cdot v \cdot B = \frac{mv^2}{r} \rightarrow r = \frac{m \cdot v}{q \cdot B} \quad (2)$$

Mithilfe des Höhensatzes kann r aus den messbaren Größen x und y bestimmt werden. Zur Veranschaulichung der Vorgehensweise dient die folgende Skizze (Abb. 7):

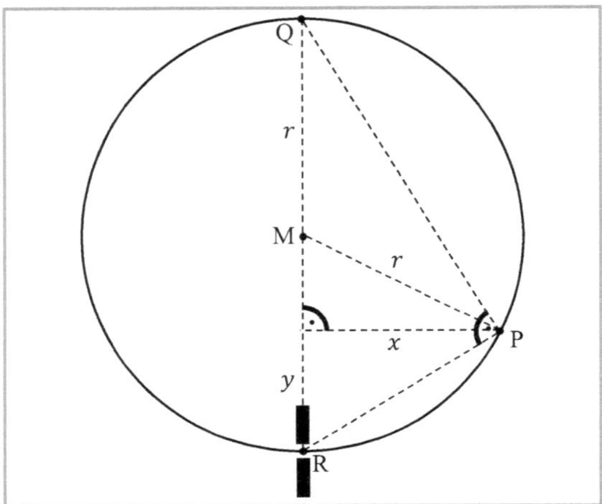

Abbildung 7: Anwendung des Höhensatzes

Nach dem Höhensatz des Euklid gilt im rechtwinkligen Dreieck PQR:

$$y \cdot (2r - y) = x^2$$

$$r = \frac{x^2 + y^2}{2y} \quad (3)$$

(1) in (2):

$$r = \frac{1}{B} \cdot \sqrt{\frac{2m \cdot U_B}{q}} \quad (4)$$

(3) = (4):

$$\frac{x^2 + y^2}{2y} = \frac{1}{B} \cdot \sqrt{\frac{2m \cdot U_B}{q}}$$

$$\frac{B^2 (x^2 + y^2)^2}{4y^2} = \frac{2m \cdot U_B}{q}$$

$$\frac{q}{m} = \frac{8 U_B \cdot y^2}{B^2 (x^2 + y^2)^2}$$

Da der so ermittelte Wert in etwa mit der spezifischen Ladung von Elektronen

$$\frac{q}{m} = \frac{e}{m_e} = \frac{1{,}6022 \cdot 10^{-19}\,As}{9{,}10938 \cdot 10^{-31}\,kg} \approx 1{,}76 \cdot 10^{11}\,\frac{As}{kg}$$

übereinstimmte, war die Identität der negativen Ladungsträger geklärt.

2. Das Photonenbild

2.1 Auftretende Unvereinbarkeiten mit dem Wellenmodell des Lichts

Existenz einer oberen Grenzwellenlänge

Nach der Wellentheorie gilt für die Beziehung zwischen der Intensität J und der Amplitude A einer elektromagnetischen Welle:

$$J \sim A^2 \rightarrow A \sim \sqrt{J}$$

Mit steigender Lichtintensität würde die Amplitude zunehmen und somit auch die kinetische Energie der durch das elektromagnetische Feld der Lichtwelle zu Schwingungen angeregten Teilchen, bis diese die Materieschicht verlassen könnten. Die Wellenlänge des verwendeten Lichtes sollte nach dieser Annahme keine Auswirkung auf das Vorhandensein eines Photostroms haben.

Wie im Versuch aus 1.3 gezeigt, kam es bei einer Lichtwellenlänge $\lambda > \lambda_g$ aber auch nach einiger Zeit und trotz hoher Lichtintensität zu keiner Auslösung eines Elektrons.

Unabhängigkeit der kinetischen Energie der Elektronen von der Lichtintensität

Der rechts dargestellte Versuch (Abb. 8) arbeitet mit der sogenannten Gegenfeldmethode. Dabei wird an Anode und Katode, die sich zum Zweck einer genaueren Messung in einer evakuierten Fotozelle im Abstand d befinden, eine Gegenspannung U_G angelegt, welche ein elektrisches Feld erzeugt.

Durch die elektrische Feldkraft $F_{el} = q \cdot E = e \cdot \frac{U_G}{d}$ wird die Bewegung der Elektronen verzögert. Wird U_G erhöht, wächst die durch das Feld verrichtete Arbeit

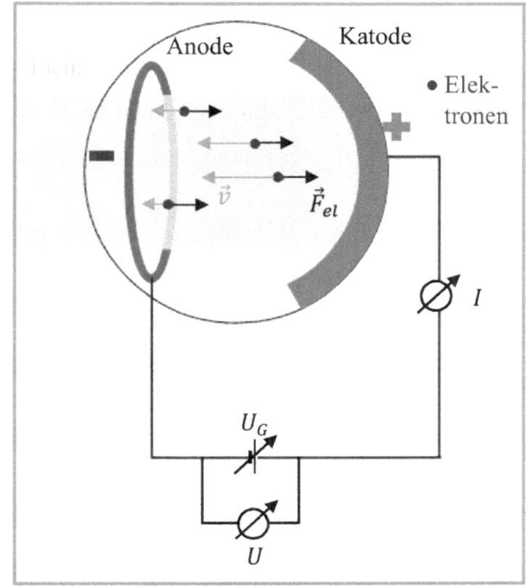

Abbildung 8: Gegenfeldmethode - Versuchsprinzio

$W = F_{el} \cdot s = F_{el} \cdot d = e \cdot U_G$, bis den Elektronen während ihrer Bewegung zwischen Anode und Katode ihre gesamte anfängliche kinetische Energie $E_{kin,0}$ „entzogen" wird.

Ab einer Gegenspannung $U_{G,max}$ erreichen die Elektronen die Anode nicht mehr, wodurch kein Stromfluss mehr messbar ist. Es gilt:

$$E_{kin,0} = W_{max} = e \cdot U_{G,max}$$

Versuchsdurchführungen zeigen, dass die Intensität des verwendeten Lichts keinen Einfluss auf die kinetische Energie der ausgelösten Teilchen und damit auf ihre Geschwindigkeit hat. Der klassischen Annahme widerspricht dies (vgl. vorherige Seite, oben).

Augenblickliches Einsetzen des Photostroms

An der folgenden Abschätzung über den Zeitpunkt der Auslösung des ersten Elektrons auf Grundlage der klassischen Wellentheorie wird die dritte Unvereinbarkeit deutlich: Die verwendete Quecksilberdampflampe hat eine elektrische Leistung von $P_{ges} = 80\ W$. Davon beträgt die Lichtleistung P_{Licht} höchstens 10%: $P_{Licht} = 8{,}0\ W$ Die bestrahlte Zinkplatte befinde sich im Abstand $d = 30\ cm$ von der punktförmigen Lichtquelle, deren Lichtleistung sich nach der klassischen Vorstellung gleichmäßig im Raum auf die Oberfläche einer Kugel verteilt. Für die Flächenleistung (Intensität) $\frac{P}{A}$, die auf die Metalloberfläche entfällt, gilt dann:

$$\frac{P}{A} = \frac{P_{Licht}}{4 \cdot \pi \cdot d^2} = \frac{8{,}0\ W}{4 \cdot \pi \cdot (0{,}30\ m)^2} = \frac{200}{9\pi} \frac{W}{m^2}$$

Von der auftreffenden Leistung werden erfahrungsgemäß etwa 90% an der Metalloberfläche reflektiert. Demnach beträgt die Leistung P', die ein Zinkatom des Querschnitts $A' \approx 6{,}0 \cdot 10^{-20}\ m^2$ (vgl. Lit. 6) aufnehmen kann:

$$P' = 0{,}10 \cdot \frac{P}{A} \cdot A' = 0{,}10 \cdot \frac{200}{9\pi} \frac{W}{m^2} \cdot 6{,}0 \cdot 10^{-20}\ m^2 = \frac{40}{3\pi} \cdot 10^{-20}\ W$$

Um ein Elektron aus der Metalloberfläche auszulösen, muss die Ab- oder Auslösearbeit $W_A \approx 4\ eV$ verrichtet werden. Vorausgesetzt, jedes Atom wäre in der Lage, die auftreffende Leistung zu speichern, würde bis zur Auslösung eines Elektrons eine Zeit von

$$t = \frac{W_A}{P'} = \frac{12\pi \cdot 1{,}6022 \cdot 10^{-19}\ Ws}{40 \cdot 10^{-20}\ W} \approx 15\ s$$

verstreichen. Tatsächlich zeigen Versuche, dass die ersten Ladungsträger bereits Sekundenbruchteile nach Einsetzen der Bestrahlung auf die Anode treffen.

Aufgrund der drei genannten Phänomene kamen Zweifel an der Wellentheorie des Lichts auf. Albert Einstein war mit seiner Deutung des Photoeffekts, die im nächsten Kapitel thematisiert wird, in der Lage, die Widersprüche zu erklären.

2.2 Qualitative Aussagen der Lichtquantenhypothese

Für Einstein ist die Energie des Lichts nicht gleichmäßig im Raum verteilt, sondern in einer endlichen Zahl von punktförmigen Energiepaketen gespeichert (vgl. Abb. 9).

Diese Licht- oder Energiequanten bewegen sich mit der Lichtgeschwindigkeit c , sind unteilbar und können „nur als

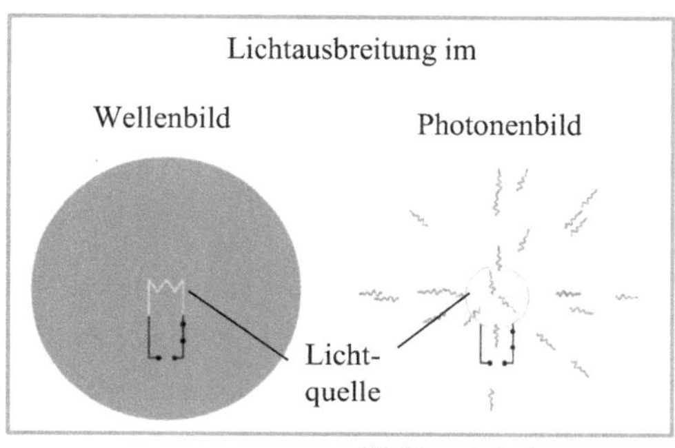

Abbildung 9: Lichtausbreitung

Ganze absorbiert und erzeugt werden" (Lit.1, S.109). Einfarbiges (monochromatisches) Licht besteht für Einstein aus Energiequanten einheitlicher Energie. Damit ist Licht eine „gequantelte" Größe, d. h. die Energien aller Lichtmengen einer bestimmten Frequenz sind ganzzahlige Vielfache der zugehörigen Photonenenergie.

Im Gegensatz zum klassischen Wellenmodell, in dem die Intensität ein Maß für Amplitude der Lichtwelle ist, bedeutet für Einstein intensiveres Licht nur das Auftreffen einer größeren Anzahl von Photonen pro Zeiteinheit (vgl. Abb. 10).

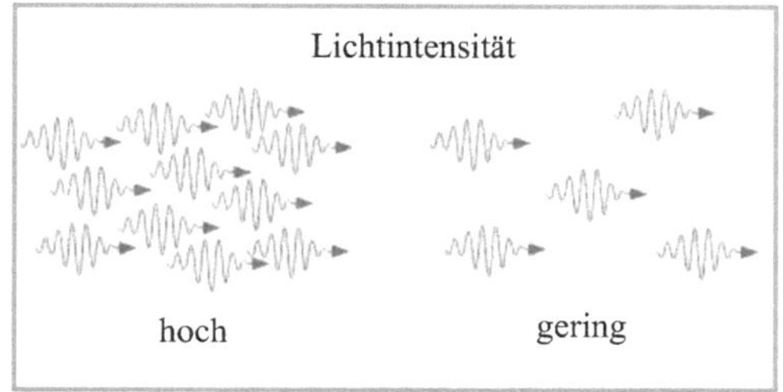

Abbildung 10: Lichtintensität im Photonenbild

Über deren Energie macht die Intensität hingegen keine Aussage.

2.3 Deutung des Photoeffekts mit der Einsteinschen Gleichung

Für die Energie E_{Ph} eines Photons in Abhängigkeit von der Frequenz f des verwendeten Lichts gilt nach Einstein:

$$E_{Ph} = h \cdot f \rightarrow E_{Ph} \sim f$$

Auf die Proportionalitätskonstante h wird später noch genauer eingegangen.

Beim lichtelektrischen Effekt dringt ein Energiequant in die Oberfläche des Metalls ein und gibt seine gesamte Energie in einem sogenannten Elementarakt an ein Elektron ab.

Mit der übertragenen Energie wird die materialabhängige Auslösearbeit W_A verrichtet und dem Elektron außerdem die kinetische Energie E_{kin} erteilt:

$$E_{Ph} = W_A + E_{kin}$$
$$h \cdot f = W_A + E_{kin}$$
$$E_{kin} = h \cdot f - W_A$$

Mit dem Photonenbild lassen sich die in 2.1 angeführten Widersprüche auflösen:

Existenz einer oberen Grenzwellenlänge:

Elektronen können die Energie, die sie von einem Photon erhalten, nicht speichern. Daher ist die Energie, die ein Lichtquant besitzt, entweder groß genug, um auf der Stelle die Ablösearbeit W_A aufzubringen, d. h. $h \cdot f > W_A$, oder sie reicht nicht aus, um den Photoeffekt stattfinden zu lassen: $h \cdot f < W_A$. Im „Grenzfall" $h \cdot f = W_A$ beträgt die kinetische Energie des ausgelösten Teilchens $E_{kin} = 0$, womit es wieder in den Metallverbund zurückkehrt. Für die Grenzfrequenz f_g gilt demnach:

$$h \cdot f_g = W_A$$

Unabhängigkeit der kinetischen Energie der Elektronen von der Lichtintensität:

In der Formel für die kinetische Energie der ausgelösten Elektronen kommt die Lichtintensität nicht vor. Die Photonendichte hat nur Einfluss auf die Anzahl der pro Zeiteinheit ausgelösten Elektronen und somit auf die Stärke des Stromflusses (vgl. Kapitel 1.2).

Augenblickliches Einsetzen des Photostroms:

Die Energie des Lichts ist nach dem Photonenbild nicht gleichmäßig im Raum verteilt, sondern punktförmig in Energiepaketen lokalisiert (vgl. Kapitel 2.2). Sobald das erste Lichtquant an einer Stelle auf Materie trifft, gibt es seine gesamte Energie an ein dort sitzendes Elektron ab. Dieses kann, vorausgesetzt die Energiemenge ist groß genug, ausgelöst und nach einer insgesamt sehr kurzen Zeitdauer registriert werden.

Während Licht beim Photoeffekt Teilchencharakter aufweist, können Beugungs- und Interferenzerscheinungen nur mit einer Vorstellung von Licht als Welle erklärt werden. Daraus resultiert die Erkenntnis vom sogenannten Welle-Teilchen-Dualismus des Lichts. Dieser besagt, dass sich Licht, je nach der Art des durchgeführten Experiments, entweder als elektromagnetische Welle oder als Teilchen verhält und wird an folgendem Zitat des dänischen Physikers Niels Bohr (1885-1962) deutlich: „Wenn mir Einstein ein Radiotelegramm schickt, er habe nun die Teilchennatur des Lichtes endgültig bewiesen, so kommt das Telegramm nur an, weil Licht eine Welle ist." (Lit. 7).

3. Quantitative Bestimmung des $f - E_{kin}$ - Zusammenhangs

3.1 Versuchsidee und -aufbau

Ziel ist es, den quantitativen Zusammenhang, der sich aus der Einsteinschen Gleichung $E_{kin} = h \cdot f - W_A$ ergibt, experimentell zu überprüfen. Dies geschieht mit einem Versuch, dessen prinzipieller Aufbau in Abbildung 11 dargestellt ist.

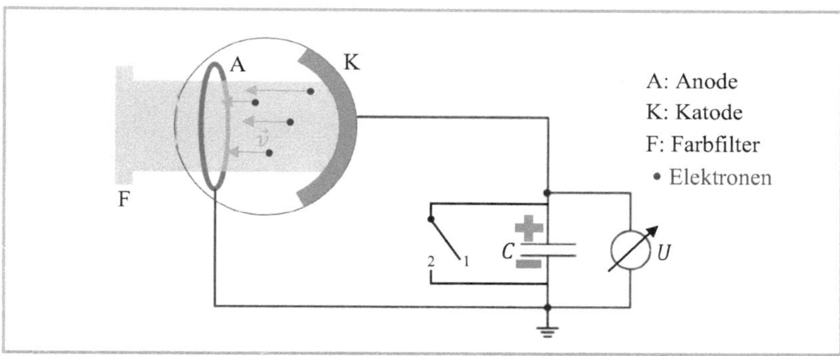

Abbildung 11: Bestimmung des $f - E_{kin}$ - Zusammenhangs - Versuchsaufbau

Ein Farbfilter sorgt dafür, dass vom emittierten Spektrum einer Hg-Lampe nur Licht aus einem kleinen Wellenlängenbereich auf die mit Caesium beschichtete Katode trifft. Aus dieser werden Photoelektronen ausgelöst, von denen einige in Richtung Anode fliegen.

Schalterstellung 1: Zwischen Anode und Katode baut sich aufgrund der Ladungstrennung eine Spannung U auf, mit der ein an die Fotozelle angeschlossener Kondensator der Kapazität $C = 100 \, pF$ geladen wird. Es stellt sich ein Gleichgewicht bei einem Wert U_{max} ein, welcher der maximalen Gegenspannung aus Kapitel 2.1 entspricht. Dann sind die schnellsten ausgelösten Elektronen der kinetischen Energie $E_{kin,max}$ gerade nicht mehr in der Lage, die Anode, von der sie abgestoßen werden, zu erreichen.

Schalterstellung 2: Der Kondensator wird entladen und zwischen Anode und Katode kann ein Strom fließen.

Die maximale Kondensatorspannung U_{max} kann mit einem Elektrometerverstärker gemessen werden. Dieser muss einen sehr hohen Innenwiderstand ($R_I \geq 10^{13} \, \Omega$) besitzen, da die negativen Ladungsträger sonst von der Anode durch das Gerät zurück zur Katode gelangen könnten, wodurch sich keine Spannung am Kondensator aufbauen würde.

An den Elektrometerverstärker muss zudem eine Betriebsspannung $U_B = 12 \, V$ angeschlossen werden.

3.2 Darstellung der Messergebnisse

Dargestellt sind die Ergebnisse zweier Messreihen, zwischen denen die Position der Fotozelle im Lichtkegel der Quecksilberdampflampe. Für drei verschiedene Filter wurden die folgenden Werte gemessen:

Filter	Lichtfarben	λ in nm	f in $10^{14}\ Hz$	Messreihe 1 U_{max} in V/ $E_{kin,max}$ in eV	Messreihe 2 U_{max} in V/ $E_{kin,max}$ in eV
1	gelb	578	5,19	0,72	1,03
2	grün	546	5,49	0,83	1,13
3	blau	436	6,88	1,30	1,54

Trägt man die ermittelten Werte in ein $f - E_{kin}$ – Diagramm ein, erhält man pro Messreihe drei Punkte, die durch eine Ausgleichsgerade verbunden sind:

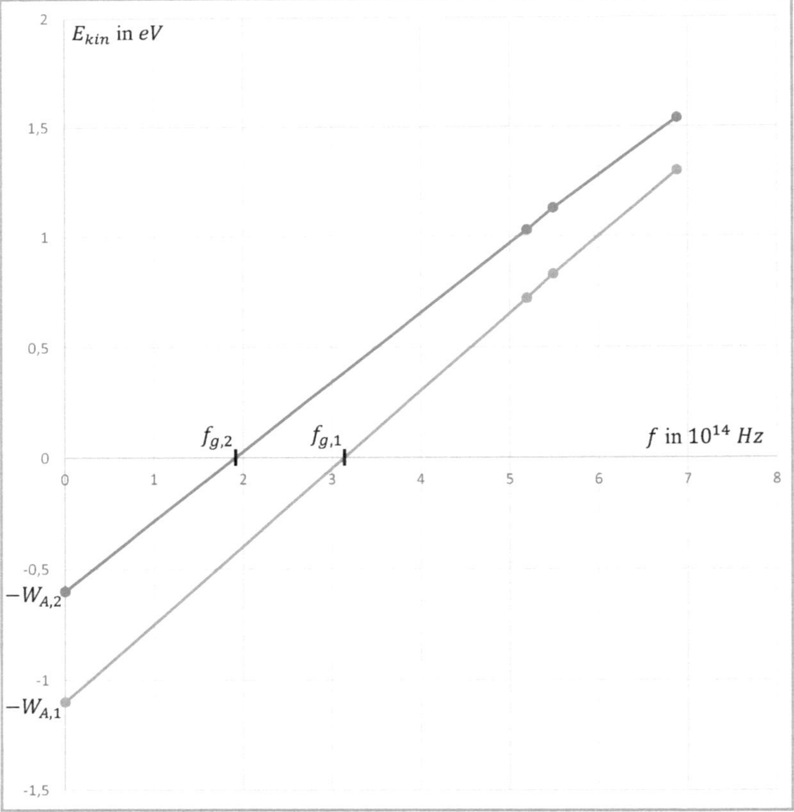

3.3 Austrittsarbeit, Grenzfrequenz und Planck-Konstante

Die Einsteinsche Gleichung hat die Form einer Geradengleichung:

Einstein-Gleichung:	E_{kin}	$=$	h	$\cdot$	f	$- W_A$
Geradengleichung:	y	$=$	m	$\cdot$	x	$+ t$
			Steigung		Variable	y-Achsenabschnitt

Die Steigung einer Geraden zwischen zwei Punkten $P_1(x_1/y_1)$ und $P_2(x_2/y_2)$ berechnet sich allgemein nach der Formel:

$$m = \frac{\Delta y}{\Delta x} = \frac{y_2 - y_1}{x_2 - x_1}$$

$$\rightarrow h = \frac{\Delta E_{kin}}{\Delta f} = \frac{E_{kin,2} - E_{kin,1}}{f_2 - f_1}$$

Bei der Steigung h handelt es sich um das sogenannte Plancksche Wirkungsquantum, eine Naturkonstante, die in vielen Bereichen der Physik eine Rolle spielt. Da es sich bei den Koordinaten der drei Punkte zu jeder Messreihe im $f - E_{kin}$ – Diagramm um Messwerte handelt, liegen sie jeweils nicht exakt auf einer Geraden. Um aus ihnen dennoch einen möglichst genauen Wert für h bestimmen zu können, werden drei Steigungen zwischen jeweils zwei der drei Punkten berechnet, aus denen ein Mittelwert h_M gebildet wird. Im Folgenden wird die Vorgehensweise anhand von Messreihe 1 verdeutlicht: [2]

$$h_1 = \frac{E_{kin,2} - E_{kin,1}}{f_2 - f_1} = \frac{(0{,}83\,V - 0{,}72\,V) \cdot 1{,}6022 \cdot 10^{-19}\,As}{(5{,}49 - 5{,}19) \cdot 10^{14}\,s^{-1}} = 5{,}793\,...\cdot 10^{-34}\,Js \approx$$

$$\approx 5{,}79 \cdot 10^{-34}\,Js$$

$$h_2 = \frac{E_{kin,3} - E_{kin,1}}{f_3 - f_1} = 5{,}497\,...\cdot 10^{-34}\,Js \approx 5{,}50 \cdot 10^{-34}\,Js$$

$$h_3 = \frac{E_{kin,3} - E_{kin,2}}{f_3 - f_2} = 5{,}432\,...\cdot 10^{-34}\,Js \approx 5{,}43 \cdot 10^{-34}\,Js$$

$$h_M = \frac{(5{,}79\,... + 5{,}49\,... + 5{,}43\,...) \cdot 10^{-34}\,Js}{3} = 5{,}574\,...\cdot 10^{-34}\,Js \approx 5{,}57 \cdot 10^{-34}\,Js$$

Die Abweichung vom Literaturwert $h \approx 6{,}6261 \cdot 10^{-34}\,Js$ beträgt demnach:

$$\frac{h_M - h}{h} = \frac{(5{,}574\,... - 6{,}6261)}{6{,}6261} \approx -16\%$$

Messreihe 2:

$$h_M{'} = 4{,}946\,...\cdot 10^{-34}\,Js \approx 4{,}95 \cdot 10^{-34}\,Js \quad (\text{Abweichung ca. } -25\%)$$

---

[2] Um Ungenauigkeiten zu vermeiden, wurden Zwischenergebnisse während der Rechenschritte nicht gerundet. Stattdessen wurde von einem Excel-Programm mit den exakten Werten weiter gerechnet.

Um $W_{A,M}$ an der bestrahlten Stelle zu ermitteln, löst man die Einsteinsche Gleichung nach der Auslösearbeit auf und setzt die drei Messwertepaare ein:

$$E_{kin} = h \cdot f - W_A \rightarrow W_A = h \cdot f - E_{kin}$$

$$W_{A,I} = h_M \cdot f_1 - E_{kin,1} = 5,57 \ldots \cdot 10^{-34}\,Js \cdot 5,19 \cdot 10^{14}\,\frac{1}{s} - 0,72 \cdot 1,6022 \cdot 10^{-19}\,J$$

$$= 1,7397 \ldots \cdot 10^{-19}\,J = 1,085 \ldots eV \approx 1,09\,eV$$

$$W_{A,II} = h_M \cdot f_2 - E_{kin,2} = 1,7330 \ldots \cdot 10^{-19}\,J = 1,081 \ldots eV \approx 1,08\,eV$$

$$W_{A,III} = h_M \cdot f_3 - E_{kin,3} = 1,7527 \ldots \cdot 10^{-19}\,J = 1,093 \ldots eV \approx 1,09\,eV$$

$$W_{A,M} = \frac{(1,085 \ldots + 1,081 \ldots + 1,093 \ldots)\,eV}{3} = 1,087 \ldots eV \approx 1,09\,eV$$

Messreihe 2:

$$W_{A,M}{}' = 0,574 \ldots eV \approx 0,57\,eV$$

Auffällig ist, dass die berechneten Austrittsarbeiten stark variieren, wenn man die Position der Hg-Lampe verändert. Daraus lässt sich schließen, dass der Wert von W_A von der bestrahlten Stelle abhängt und nicht für die gesamte Caesiumschicht der verwendeten Fotozelle einheitlich ist. Der Vergleich mit einem Literaturwert wäre daher nicht sinnvoll. Zudem soll die Grenzfrequenz f_g aus den gemessenen Werten bestimmt werden. Es gilt:

$$E_{kin}(f_g) = 0 \rightarrow h_M \cdot f_g = W_{A,M} \qquad \text{(vgl. Kapitel 2.3)}$$

$$\rightarrow f_g = \frac{W_{A,M}}{h_M} = \frac{1,087 \ldots \cdot 1,6022 \cdot 10^{-19}\,J}{5,574 \ldots \cdot 10^{-34}\,Js} = 3,124 \ldots \cdot 10^{14}\,Hz \approx 3,12 \cdot 10^{14}\,Hz$$

Dies entspricht einer Grenzwellenlänge von

$$c = \lambda \cdot f \rightarrow \lambda_g = \frac{c}{f_g} = \frac{3,00 \cdot 10^8\,m \cdot s^{-1}}{3,124 \ldots \cdot 10^{14}\,s^{-1}} \approx 960\,nm$$

Messreihe 2:

$$f_g{}' = 1,860 \ldots \cdot 10^{14}\,Hz \approx 1,86 \cdot 10^{14}\,Hz$$

$$\rightarrow \lambda_g{}' \approx 1,61\,\mu m$$

Licht beider Grenzwellenlängen ist für das menschliche Auge nicht mehr sichtbar (vgl. Abb. 12), sondern gehört zur Infrarotstrahlung (kurz: IR-Licht), wie der Spektralbereich von ca. $780\,nm$ bis $1\,mm$ bezeichnet wird.

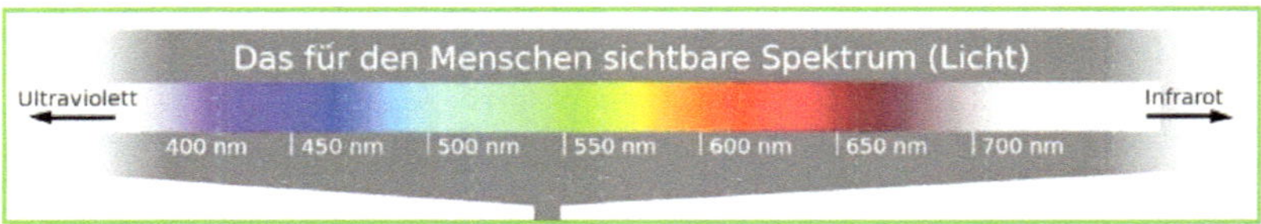

Abbildung 12: Das für den Menschen sichtbare Lichtspektrum

3.4 Mögliche Fehlerquellen

Bei allen durchgeführten Messreihen traten Abweichungen von bis zu $\pm 25\%$ von den Literaturwerten auf. Es ist deshalb sinnvoll, sich mit den Gründen für diese Ungenauigkeiten zu beschäftigen, um sie bei weiteren Versuchen minimieren zu können.

Eine Fehlerquelle ist, dass das Material der Anode zwar eine deutlich höhere Austrittsarbeit als das der Katode besitzt, sich auf dem Anodenring allerdings nach häufigem Gebrauch eine dünne Schicht herübergedampften Caesiums ausbildet (vgl. Lit. 5, S. 98f.). Daher werden bei Bestrahlung durch das von der Metallplatte reflektierte Licht auch aus der Anode Elektronen ausgelöst, die in Richtung der sich positiv aufladenden Katode fliegen und somit dem eigentlichen Photostrom I_{Ph} entgegenwirken. Dieser setzt sich also aus zwei Teilströmen I_A und I_K, die von Anode und Katode ausgehen, zusammen:

$$I_{Ph} = I_K - I_A$$

Damit ist der Katodenstrom stets größer als der gemessene Strom. Das Phänomen hat Einfluss auf den Versuch aus 1.2, wenn man ihn mit einer Fotozelle mit dem Katodenmaterial Caesium durchführt. Beseitigen ließe sich die Störung durch starkes Erhitzen des Anodendrahtes, auch „Ausheizen" genannt, wodurch die Caesiumschicht entfernt würde. Der geschilderte Effekt beeinträchtigt die Messung im Hauptversuch nicht. Der Anodenstrom verebbt nicht, da die Kondensatorspannung für ihn als Saugspannung wirkt. Daraus resultiert ein minimaler Abfall der am Kondensator anliegenden Spannung, wodurch wieder von der Katode ausgesendete Elektronen die Anode erreichen können, was die Kondensatorspannung wiederum erhöht. Es stellt sich also ein Gleichgewicht bei minimalem Katoden- und Anodenstrom ein, die sich in Summe aufheben.

Von wesentlich größerer Bedeutung für die Messungenauigkeiten sind Influenzerscheinungen, die das elektrische Feld im Fotozelle-Kondensator-Verbund so stark beeinträchtigten, dass der gemessene Spannungswert nicht stabil blieb. Aus diesem Grund mussten alle verwendeten Geräte sowie die am Versuchstisch stehenden Person geerdet werden.

Eine Fehlerquelle für die Bestimmung der Grenzwellenlänge in Kapitel 1.3 stellen Tageslicht und Licht von angeschalteten Deckenleuchten dar. Deshalb geht der Stromfluss auch bei einer Glasplatte im vermeintlich „einzigen" Strahlengang nicht ganz auf null zurück. Verwendet man eine vollständig von einem Gehäuse umgebene Fotozelle ist, wird diese Störung beseitigt.

Abschließende Gedanken

Der photoelektrische Effekt war ein Beleg für die Überholtheit des Wellenbildes, weshalb eine neue Theorie entwickelt wurde. Letztendlich kann Licht aufgrund einer weiteren Eigenschaft von Quantenobjekten, dem Zufallscharakter, jedoch auch mit dem Welle-Teilchen-Dualismus Einsteins, nach dem es sich je nach Art der Betrachtung entweder wie ein Teilchen oder eine elektromagnetische Welle verhält, nicht vollkommen zufriedenstellend beschrieben werden.

In der modernen Quantenmechanik werden deshalb abstrakte und komplexe mathematische Mittel wie Wellenfunktionen verwendet, um die möglichen Zustände von Quantenobjekten zu beschreiben. Dass es selbst zu dieser etablierten Theorie eine Vielzahl an verschiedenen Interpretationen und Auslegungen gibt (vgl. Lit. 11), zeigt jedoch, wie schwierig es ist, die Eigenschaften der allerkleinsten Teilchen mit unserem „makroskopisch" geprägten Verständnis von Wellen und Teilchen vollends zu verstehen.

An einem Zitat des berühmten amerikanischen Physikers und Nobelpreisträgers Richard Feynmann (1918-1988, Abb. 13) wird dies deutlich: „In sehr kleinen Dimensionen verhalten sich die Dinge wie nichts, von dem wir unmittelbare Erfahrung haben. Sie verhalten sich nicht wie Wellen, nicht wie Teilchen…oder irgendetwas, was wir jemals gesehen haben." (Lit. 7).

Abbildung wurde für die Veröffentlichung entfernt.

Abbildung 13: Richard Feynmann

Sogar Albert Einstein sagte im Jahre 1951 in hohem Alter resigniert: „50 Jahre intensiven Nachdenkens haben mich der Antwort [auf die Frage] ‚Was sind Lichtquanten?' nicht nähergebracht. Natürlich bildet sich heute jeder Wicht ein, er wisse die Antwort. Doch da täuscht er sich." (Lit. 3).

Vermutlich würde er dies auch 65 Forschungsjahre später seinen Nachfolgern sagen, die immer noch versuchen, eine Antwort auf die Frage zu finden: „Was ist Licht?".

Literatur

[1] Dilg, W. / Leitner, E. /Müller, A.: Physik. Leistungskurs 3. Semester, Oldenbourg Schulbuchverlag, München 1998, S. 92-112 + S.267

[2] Friedrich, A.: Handbuch der experimentellen Schulphysik, Band 10: Atomphysik, Aulis Verlag, Köln 1969, S. 51-65

[3] gutezitate: Albert Einstein, unter: http://gutezitate.com/zitat/177132, abgerufen am 02.04.2016

[4] Herrmann, K. H.: Der Photoeffekt. Grundlagen der Strahlungsmessung, Vieweg Verlag, Wiesbaden 1994, S. 1-12

[5] Kuhn, W.: Handbuch der experimentellen Physik. Sekundarbereich II, Band 8: Atome und Quanten, Aulis Verlag, Köln 1996, S. 95-101

[6] LEIFIphysik: Quantenobjekt Photon, unter: http://www.leifiphysik.de/themenbereiche/quantenobjekt-photon/photoeffekt, abgerufen am 02.04.2016

[7] LEIFIphysik: Wellen oder Teilchen, unter: http://www.leifiphysik.de/quantenphysik/quantenobjekt-elektron/welle-teilchen-dualismus, abgerufen am 21.10.2016

[8] LEYBOLD: Gebrauchsanweisung Elektrometerverstärker, unter: http://www.ld-didactic.de/documents/de-DE/GA/GA/5/532/53214de.pdf, abgerufen am 13.03.2016

[9] LEYBOLD: Gebrauchsanweisung Quecksilber-Hochdrucklampe, unter: http://www.ld-didactic.de/documents/de-DE/GA/GA/4/451/45115d.pdf, abgerufen am 13.03.2016

[10] PHYWE: Fotozelle im Gehäuse. Bedienungsanleitung, unter: http://repository.phywe.de/files/bedanl.pdf/06779.00/d/0677900d.pdf, abgerufen am 13.03.2016

[11] Spektrum.de: Quantenmechanik und ihre Interpretationen, unter: http://www.spektrum.de/lexikon/physik/quantenmechanik-und-ihre-interpretationen/11871, abgerufen am 03.11.2016

[12] Wikipedia: Liste der Nobelpreisträger für Physik, unter:

https://de.wikipedia.org/wiki/Liste_der_Nobelpreisträger_für_Physik,

abgerufen am 31.08.2016

Abbildungsverzeichnis

Seite 3, Abbildung 1: Albert Einstein

https://upload.wikimedia.org/wikipedia/commons/d/d3/Albert_Einstein_Head.jpg, abgerufen am 29.09.2016

Seite 4, Abbildung 2: Grundversuch mit Elektroskop - Aufbau

http://www.leifiphysik.de/quantenphysik/quantenobjekt-photon/versuche (verändert), abgerufen am 03.09.2016

Seite 5, Abbildung 3: Einfluss der Lichtintensität - Versuchsaufbau

http://www.leifiphysik.de/quantenphysik/quantenobjekt-photon/versuche (verändert), abgerufen am 04.09.2016

Seite 6, Abbildung 4: Variation der Lichtfrequenz - Versuchsaufbau

http://www.leifiphysik.de/quantenphysik/quantenobjekt-photon#lightbox=/themenberei-che/quantenobjekt-photon/lb/photoeffekt-existenz-obere-grenzwellenlaenge (verändert), abgerufen am 07.09.2016

Seite 6, Abbildung 5: Lichtbrechung am Prisma

https://de.wikipedia.org/wiki/Prisma_(Optik), abgerufen am 14.09.2016

Seite 7, Abbildung 6: Versuch von Lenard - Aufbau

http://www.leifiphysik.de/quantenphysik/quantenobjekt-photon/versuche (verändert), abgerufen am 08.09.2016

Seite 8, Abbildung 7: Anwendung des Höhensatzes

(selbst erstellt mit Paint und Office Word)

Seite 9, Abbildung 8: Gegenfeldmethode – Versuchsprinzip

http://www.leifiphysik.de/quantenphysik/quantenobjekt-photon#lightbox=/themenberei-che/quantenobjekt-photon/lb/photoeffekt-elektronenenergie-und-lichtintensitaet (verändert), abgerufen am 12.09.2016

Seite 11, Abbildung 9 und 10: Lichtausbreitung und -intensität im Photonenbild

http://www.leifiphysik.de/quantenphysik/quantenobjekt-photon (beide verändert), abgerufen am 13.09.2016

Seite 13, Abbildung 11: Bestimmung des $f - E_{kin}$ – Zusammenhangs - Versuchsaufbau

(selbst erstellt)

Seite 16, Abbildung 12: Das für den Menschen sichtbare Lichtspektrum

https://upload.wikimedia.org/wikipedia/commons/thumb/1/15/Electromagnetic_spect-rum_c.svg/2000px-Electromagnetic_spectrum_c.svg.png, abgerufen am 23.09.2016

Seite 18, Abbildung 13: Richard Feynmann

http://www.thefamouspeople.com/profiles/images/richard-feynman-4.jpg, abgerufen am 02.11.2016